我的家在中國・民族之旅 ⑤

歎為觀止的
空間魔方

民族建築

檀傳寶◎主編　班建武◎編著

中華教育

在爺爺的舊箱子裏面有一張藏寶圖，藏寶圖上畫着一些特別的建築，一起去這些建築裏找寶藏吧！

蒙古包

吊腳樓

蘑菇房

三江風雨橋

目　錄

客家土樓群

神祕的「導彈發射井」

　　據說，在20世紀60年代初，美國中央情報局在衛星照片上發現了中國閩西的崇山峻嶺之間有幾羣類似於核反應堆或者像導彈發射井模樣的東西。這個發現使白宮驚慌不已。但在進一步探測研究後，美國人又發現，這些被疑作隱匿核力量的圓形或方形建築並無金屬反應。雖然如此，但美國方面仍不死心。隨後的幾年中，美國向這片神奇的土地投入了大量心血和費用，僅衛星照片就拍攝了上億張。

　　其實，衛星照片上所顯示的那種奇特建築並不是甚麼神祕的「導彈發射井」，而是福建省永定縣境內的客家土樓羣。

　　後來，美國的研究人員終於得以來到土樓參觀。他們在土樓裏外、上下細細察看，感慨萬分，認為這是一種震撼人心的建築，這種建築本身就是一個奇跡。

警報！警報！
發現導彈發射井！

住完所有房間就長大一歲

請看右邊這座土樓！

如果僅從房間的數量來看，土樓無疑可以稱之為「豪宅」！

因為如果一個人每天住一個房間，那麼，等他住完所有房間的時候，他應該已經長大一歲了。

你能猜出這個土樓裏面一共有多少房間嗎？

這個還不是房間最多的土樓。永定承啟樓擁有 384 個房間，最多時曾住過 800 多人；永隆昌樓的房間甚至多達 746 間。

猜一猜

土樓有甚麼功能？

（1）土樓的牆很厚，底部最厚有三米；

（2）土樓雖然都很大，但是只有一扇門；

（3）土樓一二層是沒有窗戶的；

（4）土樓裏面儲存的糧食可以吃半年；

（5）土樓周圍一般都比較開闊。

土樓只有圓形的嗎？

福建土樓依形狀分，可分為圓樓、方樓、五鳳樓等，另外還有變形的凹字形、半圓形與八卦形等。其中，以圓樓與方樓最常見，兩者也常常並存。

土樓最多的地方是福建省永定縣，共有土樓2.3萬多座。

火眼金睛：真的還是假的？

如果你到土樓去旅遊，導遊在介紹土樓的時候，一定會告訴你：土樓的高牆是用紅糖、糯米、雞蛋清混合黃土而成的三合土建成的。

導遊的話是真的還是假的呢？

這些土樓都有上百年的歷史，那時候社會物資很貧乏，人們有這麼多的紅糖、糯米和雞蛋來建土樓嗎？答案是不可能！

實際上，建土樓用的土是山上挖掘的「生黃土」，即其中不含有樹根、草根、腐殖質等雜質的黃色生土。生黃土黏性大，穩定性好，當地人用其和粗砂加水混合成泥漿，可以當黏合劑砌磚牆，甚至可以抹在外牆上，能經歷風雨沖刷多年。

如果導遊的話是真的，請你估算一下建成一座土樓需要多少紅糖、糯米？

這麼大的土樓，裏面是甚麼樣的呢？

圓形的土樓一般由兩三圈組成，由內到外，環環相套。外圈高十餘米，四層，有一二百個房間；一層是廚房和餐廳，二層是倉庫，三、四層是臥室。第二圈一至兩層，有三五十個房間，一般是客房。中間是祖堂，是居住在樓內的幾百人婚、喪、喜、慶的公共場所。樓內還有水井、浴室、磨坊等設施。

這些土樓的主人是誰呢？

這些土樓裏的原住民，大多是客家人。客家人原本居住在中原地區，由於戰爭、災荒等原因逐步往江南遷徙，然後又遷往南方各省乃至世界各地。他們最終成為漢民族中一支遍佈全世界且文化特異的族羣。

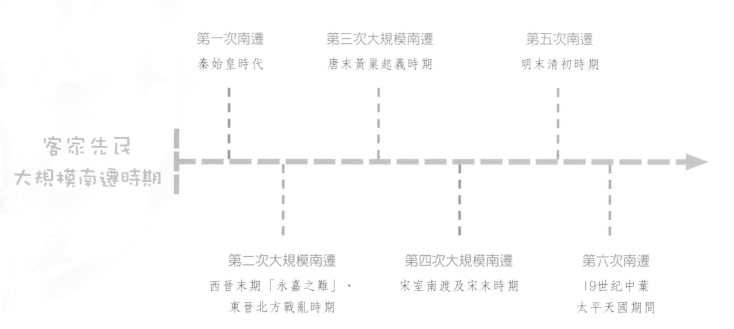

客家先民
大規模南遷時期

第一次南遷
秦始皇時代

第三次大規模南遷
唐末黃巢起義時期

第五次南遷
明末清初時期

第二次大規模南遷
西晉末期「永嘉之難」、
東晉北方戰亂時期

第四次大規模南遷
宋室南渡及宋末時期

第六次南遷
19世紀中葉
太平天國期間

民居光榮榜

福建土樓在 2008 年的時候，被列入《世界遺產名錄》。截至 2019 年，中國被列入《世界遺產名錄》的民居達到了六處。它們分別是：

- 麗江古城（雲南，1997 年 12 月）
- 平遙古城（山西，1997 年 12 月）
- 皖南古村落（西遞、宏村）（安徽，1999 年 12 月）
- 開平碉樓與古村落（廣東，2007 年 6 月）
- 福建土樓（福建，2008 年 7 月）
- 廈門鼓浪嶼國際歷史社區（福建，2017 年 7 月）

你知道這些獲得世界文化遺產稱謂的民居，它們是憑甚麼成為世界文化遺產的嗎？

世界遺產委員會對麗江古城的評價

古城麗江把經濟和戰略重地與崎嶇的地勢巧妙地融合在一起，真實、完美地保存和再現了古樸的風貌。古城的建築歷經無數朝代的洗禮，飽經滄桑，它融匯了各個民族的文化特色而聲名遠揚。麗江還擁有古老的供水系統，這一系統縱橫交錯、精巧獨特，至今仍在有效地發揮着作用。

假如你是評委

你能參考世界遺產委員會對麗江古城的評價，分別給宏村、西遞、開平碉樓、平遙古城這些世界文化遺產做一個評價嗎？

▲皖南古村落：宏村

▲皖南古村落：西遞

▲中西合璧的典範：開平碉樓

▲保存最完整的中國古代縣城：平遙古城

長「腳」的房子

房子會像人一樣長「腳」嗎？如果房子長「腳」，它會是甚麼樣的？長了「腳」的房子會不會走路呢？如果會走路，它又會走到哪裏去呢？

在南方很多地方，我們真的可以看到一些長「腳」的房子！這些長「腳」的房子，能不能在北方找到呢？

下面，就讓我們一起看看這長「腳」的房子吧！

有「腳」卻不會走路的房子

在多雨潮濕又經常有毒蛇猛獸出沒的南方，建造怎樣的房子才能既乾爽透氣，又防禦毒蛇猛獸的侵害呢？

是爬到樹上「築巢」還是躲進山洞裏「搭窩」？

都不是！

世居在南方的壯族、傣族、侗族、苗族、黎族等民族自有一套生存的妙招。

他們用竹木為材料搭建房子，一般有兩層，下層由多根竹木支撐，就像長了許多「腳」，這樣房子就可以遠離地面，居住在屋裏的人就不容易受毒蛇猛獸攻擊，而且也遠離了地面的濕氣。

我們把這種房子叫作干欄式建築。

干欄式建築有着十分悠久的歷史。考古發現，迄今所知最早的干欄式建築是從浙江餘姚河姆渡遺址出土的。

有「腳」的房子會走到哪？

如果這些長「腳」的干欄式房子會走路，你認為它們會走到哪裏去呢？它們會不會走到北方的蒙古草原上去「定居」呢？為甚麼？

找不同

　　這兩種房子都屬於有「腳」的干欄式建築，但它們的「身材」是不一樣的，你能找出它們的不同嗎？

▲吊腳樓

▲船形屋

船形屋的「身材」特徵

(1)「腿」比較短，只有幾十厘米，因而離地面比較近。

(2) 整個房子的「身體」都與地面隔離。

(3)「身體」結構比較單一，只有一層。

(4)「身材」像一隻倒扣的船。

(5) 它們的主人主要是海南島的黎族居民。

　　黎族的古老民居──船形屋是原始的干欄式的房子。

　　相傳，這是黎族人民為紀念乘船渡海而來海南島的祖先所建造的房子。

　　特別提醒：黎族家庭在添丁時有在船形屋外面掛各種樹葉的習俗。如果一家人在屋子外掛了荔枝葉或龍眼葉，就說明這家人生了男孩；如果掛的是菠蘿葉，就表示生的是女孩。而且，沒有經過主人的同意，外人不可以隨意進入！

（1）「腿」比較長，有的能有數米高，離地面較遠。

（2）房子只有三分之二的「身體」與地面隔離，另外三分之一的「身體」是「坐」在地上的。

（3）「身體」結構比較複雜，有兩三層。

（4）它們的主人主要是土家族、苗族等族的居民。

吊腳樓是一種半干欄式的建築。它最基本的特點是正屋建在實地上，廂房除一邊靠在實地和正房相連，其餘三邊皆懸空，靠柱子支撐。由於吊腳樓只有部分懸空，所以吊腳樓被稱為半干欄式建築。

輩分分明的房子：傣家竹樓

除了船形屋、吊腳樓外，傣家竹樓也是一種在雲南可以經常看到的干欄式建築。

傣家竹樓作為一種干欄式建築，它是有輩分的。

過去傣家人的輩分是非常嚴格的，在竹樓的建造上也體現得很明顯。凡是長輩居住的樓室，柱子高度不能低於 2 米，竹樓的木梯也有規定，一般要在 9 級以上；晚輩的竹樓一般差一些，首先高度要低於長輩的竹樓，其次木梯也只能在 7 級以下。

▲ 傣家竹樓

傣家竹樓的傳說

很久很久以前，傣家有一位勇敢善良的青年叫帕雅桑目蒂。他很想給傣家人建一座房子，讓他們不再棲息於野外。但是他幾度試驗，都失敗了。有一天，天下大雨，他見到一條臥在地上的狗，雨水順着密密的狗毛向下流淌，他很受啟發，建了一個坡形的窩棚。後來，鳳凰飛來，不停向他展翅示意，讓他把屋脊建成「人」字形，隨後又以高腳獨立的姿勢向帕雅桑目蒂示意，讓他把房屋建成上下兩層的高腳房子。帕雅桑目蒂依照鳳凰的指引，終於為傣家人建成了美麗的竹樓。

有主人的傣家柱子

傣家竹樓的柱子都有它的主人。

傣家竹樓臥室內的大柱子是家神和祖先居住的地方。柱子上端包有白布，白布中間放有芭蕉葉、甘蔗苗、蠟條和棉花條各兩支。這根柱子叫作家神柱。

竹樓內中間較粗大的柱子是男柱，立在家神柱旁邊，男柱旁邊的門是家中男性成員進出臥室的地方，而側面的矮柱子則是女柱。

▲傣家竹樓內景

無「腳」但到處遷徙的房子

干欄式民居雖然有很多「腳」，但是，它們卻不會走路。

有一種民居，雖然它們沒有「腳」，但是卻可以到處走動。這種神奇的會走路的房子是甚麼呢？這種房子有一個共同的名字——穹廬式民居，其典型代表有蒙古族的蒙古包、哈薩克族的氈房、鄂倫春族的「仙人柱」等。

無「腳」的房子會走到哪？

想想看，這些穹廬式房子沒有「腳」，為甚麼它們要到處走動呢？又會走到哪？

圓錐體的移動房子：仙人柱

居住在大小興安嶺的鄂倫春族，以狩獵為生，為適應逐野獸而居的生活，發明了獨特的房子——仙人柱。

鄂倫春族人用 20～30 根（最多 40 根）直徑約 10 厘米、長約 4～5 米的細木杆（多為樺木、柳木或是落葉松）搭建成圓錐形的架子。夏天用樺樹皮、冬天用氊皮做覆蓋物。

仙人柱非常容易安裝和拆卸。

▲仙人柱

草原上流動的家：蒙古包

蒙古族是遊牧民族，他們經常會根據季節的變化「逐水草而居」，因此，他們的房子不能固定在一個地方，要能夠經常遷徙。

他們所發明的「會走路的房子」叫蒙古包，它的特點是非常容易建造和拆卸，適合隨時搬遷。

冬天的時候，蒙古包四周會覆蓋上白色的毛氊，夏天的時候則改用柳條或樺樹皮，這樣就可以做到冬暖夏涼。

蒙古族「以白為美」，他們認為白色象徵聖潔、長壽，所以居住的蒙古包大多採用白色。

在蒙古包裏，最為尊貴的方向是西邊，蒙古包內西邊只能供奉神像、佛龕、祖先或成吉思汗圖像，不可以掛任何其他東西。

門必須朝向東或南方向，這是因為草原常颳西北風。

蒙古包旁的「蘇武柱」

　　蒙古包後面經常立有一根光禿禿的柱子，據說是為了紀念漢代的蘇武。蘇武作為漢的使臣，被匈奴流放到北海邊牧羊，雖歷盡艱辛，但他時刻不忘漢朝，每天都把使節棒帶在身邊。他寧死不降，對漢朝忠貞不渝的精神感動了牧民。後來蘇武回朝後，牧民非常懷念他，就在自家蒙古包後面立上一根像使節棒一樣的光柱子紀念他……

庭院深深深幾許

　　歐陽修寫有著名的《蝶戀花》一詞，這首詞第一句就是「庭院深深深幾許」。你知道其中的「庭院」指的是甚麼樣的房子嗎？它到底有多深呢？

　　歐陽修所說的庭院，可能就是中國的一種傳統院落式建築──四合院。其格局為一個院子四面建有房屋，通常由正房、東西廂房和倒座房組成，從四面將庭院合圍在中間，故名四合院。

　　在中國，滿族、達斡爾族、維吾爾族、納西族、白族等民族的傳統民居也都是院落式的。四合院有甚麼特點呢？

縮小版的紫禁城

　　在北京，過去皇上住過的紫禁城舉世聞名。

　　其實民間也有許多縮小版的「紫禁城」。這些民間縮小版的「紫禁城」就是老北京人日常居住的四合院。

　　四合院有不同的院落之分，呈「口」字形的稱為一進院落，「日」字形的稱為二進院落，「目」字形的稱為三進院落。而皇帝住的紫禁城，相當於由不同院落的四合院連接而成。

　　四合院外觀規矩，中線對稱，這與輝煌的紫禁城格局也是完全一樣的。四合院非常講究房間佈局的倫理秩序，都是「以北屋為尊、兩廂為次、倒座為賓、雜室為輔」。

　　四合院的歷史已有三千多年，早在西周時，其形式就已初具規模。北京、山西、陝西、河北的四合院最具代表性。

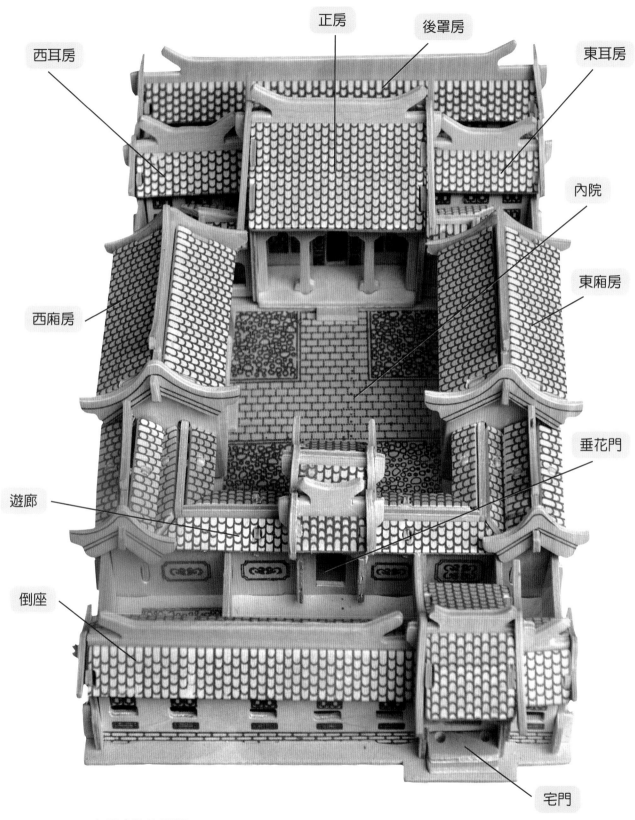

西耳房

正房

後罩房

東耳房

內院

西廂房

東廂房

垂花門

遊廊

倒座

宅門

▲四合院格局圖

四合院的「守護神」：影壁

一進四合院，首先映入眼簾的是一道影壁。

過去，人們比較迷信，認為自己的住宅中會不斷有鬼來訪。如果是孤魂野鬼溜進宅子，就會給自己帶來災禍。但如果有影壁的話，鬼看到自己的影子，就會被嚇走。

而實際上，影壁的主要作用在於遮擋大門內外雜亂呆板的牆面和景物，美化大門的出入口。據說，影壁還有利於凝聚院內的人氣和財氣。有了影壁，人們在進出宅門時，迎面看到的首先是疊砌考究、雕飾精美的牆面和鑲刻在上面的吉祥話語。

最著名的影壁

我國最著名的影壁是九龍壁。

在古代，龍是皇帝的化身，只有皇帝居住的地方才能用龍來裝飾。

不管達官貴人的地位多高，他們也不敢用龍來裝飾自己。如果一般人在家裏使用龍來裝飾，就犯了大忌，會被砍頭的。

你知道如今在哪些地方還可以找到九龍壁嗎？

口袋形狀的房子

除了北京的四合院外，滿族的傳統民居也是典型的院落式建築。

滿族根據房間數的不同而決定房門的位置。一般來說，三間房的多在最東面一間南側開門，五間房的在東起第二間開門。整座房屋形似口袋，因此稱作「口袋房」。

▼到滿族人家上屋做客時，千萬別坐錯地方

滿族每家都有院落，用泥土壘成院牆，用木柵或木條做院門，院落寬敞，可容車馬。

「口袋房，萬字炕，煙囪出在地面上」正是對滿族民居特點的形象描述。

在滿族的上屋裏，南、西、北三面築有「冂」字形大土坯炕，叫作「萬字炕」。滿族「以西為尊」，西炕是滿族人家放祖宗牌位的地方，是不許坐人的。長輩多坐北炕，晚輩坐南炕。

▼滿族四合院一角

這個煙囪怎麼在外面？

建在屋外的煙囪

煙囪，滿語稱「呼蘭」。與北方漢族人民將煙囪蓋在房脊上不同，滿族人民蓋房時往往讓煙囪坐落在房西或房後的地上，用一段橫煙道與煙囪相連，這樣不僅可以排煙，還可以有效地取暖。這種煙囪也叫「跨海式煙囪」。

祭祀的杆子：索倫杆

滿族人家院內幾乎家家都立有一根杆子，這有甚麼用呢？

這根杆子在滿族被稱為「索倫杆」。每到祭天之日，滿族人民就要在索倫杆上的錫斗內放些糧食、肉類，稱為「神享」。如果這些「神享」三天之內被鳥兒吃光，則為大吉大利。相傳，這是為了感謝烏鴉、喜鵲當年曾經救過努爾哈赤而設立的。

▶ 索倫杆

滿族四合院 VS 北京四合院

你知道滿族的四合院與北京的四合院有甚麼不一樣嗎？

滿族四合院與北京四合院最直觀的不同，就是它的院門一般直接開在院牆正中，與正房相對；而北京四合院的院門則多數開在正南方向的東南角，不與正房相對。

干欄式民居、穹廬式民居跟庭院式民居的區別在哪裏？

不管是干欄式建築還是穹廬式建築，它們的一個共同特點就是每一個建築都是一個獨立的居住單元。而庭院式民居是由宅和院兩大部分組成，共同構成一個較為完整的生活空間。

你知道它們的區別了嗎？

民族特色房子

除了干欄式、穹廬式、庭院式的民居外，各民族根據他們的居住環境和生活習慣，還建造出了許多令人歎為觀止的漂亮房子。

哈尼族的蘑菇房、藏族和羌族的碉房、彝族的土掌房等都具有十分鮮明的民族特色。

▲蘑菇房

住在「蘑菇」裏的人

如果到哈尼族的村寨，你千萬不要被一朵朵巨型的「蘑菇」給驚呆了！當然，這些大「蘑菇」不是用來吃的，而是用來住人的。

傳說遠古時候，哈尼族人住的是山洞。後來他們遷到一個名叫「惹羅」的地方時，看到滿山遍野生長着大朵大朵的蘑菇，它們不怕風吹雨打，還能讓螞蟻和小蟲在下面做窩棲息。於是他們就比照蘑菇的樣子蓋起了蘑菇房。

蘑菇房玲瓏美觀，獨具一格。即使是寒冷的冬天，屋裏也是暖融融的；而炎熱的夏天，屋裏卻十分涼爽。最典型的蘑菇房在哈尼族最大的村寨——雲南省紅河州元陽縣麻栗寨。

這房子真的是碉堡嗎？

　　碉房是中國西南地區的青藏高原以及
內蒙古部分地區常見的居住建築形式。這
是一種用亂石疊砌或土築的房屋，高三至
四層，因外觀很像碉堡，所以稱為碉房。

▲ 碉房

不怕火燒的房子：土掌房

　　彝族土掌房（又稱土庫房）為彝族先民的傳統民居。

　　土掌房的牆體以泥土為料，修建時用夾板固定，填土夯實逐層
加高後形成土牆。土掌房冬暖夏涼，防火性能好，非常實用。

▼ 土掌房

　　雲南省紅河州城子村的彝族土掌房有
1000 多間，層層疊疊，集中連片，
背山面河。全村房屋牆連牆，
下一家的屋頂即為上一
家的場院，層層而
上，直達山頂，
極具特色，被譽
為民居建築發
展史上的「活
化石」。

這首在彝族中世代流傳的建房民歌，說的就是土掌房的建造工藝：

窩棚不好住，野獸多可惡；風雨來侵襲，洪水淹大路。

阿嘎小伙子，教人蓋土庫；男人扛栗樹，女人挑泥土。

柱子怎麼砍？留到丫杈處；柱子怎麼支？籬笆來圍固；

柱腳怎麼支？石頭來墊住；柱搖怎麼辦？籬笆摜泥土。

柱子豎好後，眾人緊扶住；丫杈搭承重，藤捆丫杈處。

楞子怎麼鋪？間隔有五寸；木棒破成片，順着楞子鋪。

木片鋪好後，松毛再蓋土；接着鋪稀泥，並把邊欄糊。

怎樣加土層？土要蜂窩土；鋪上五寸厚，灑水濕漉漉；

稍乾再夯實，留口雨水出；有時會通洞，一把土塞住。

房內怎麼隔？一間人睡處；一間裝實物，一間關牲畜。

前邊安道門，方便人出入；野獸進不來，風雨門外阻，

過上好日子，彝人少辛苦。

21

擠在一起的溫暖

甚麼樣的建築能供最多的人使用呢？

有一類建築，它的建造不是為了某個小家庭，而是為了大家都能使用。這類建築，我們把它叫作公用建築。

很多民族聚居地區，都有許多供大家聚會、祭祀、慶典的公共空間。這些地方都會建有一些別具風格的公用建築。如侗族的鼓樓，就是侗族村寨的公共活動中心。

一座鼓樓一個姓氏

判斷是否為侗族居住的地方，一個非常重要的標誌就是看看有沒有鼓樓。如果一個寨子當中屹立着一座鼓樓，那麼，我們幾乎可以肯定這就是侗族人民居住的地方了。

▲ 鼓樓是村寨的哨兵，當有危險的時候，裏面的鼓就會被敲響，人們就可以提前做好準備。別輕易敲響鼓樓的鼓啊！否則會很容易造成慌亂的

鼓樓在侗語中被稱為「播順」，有「寨子之魂」之意。鼓樓是侗寨族姓的標誌，一座鼓樓代表一個族姓，一個寨子中有幾個族姓，這個寨子就有幾座鼓樓。

鼓樓一般建立在寨子的中央，其他建築都圍繞在它的四周。

鼓樓的建築很是神奇，整棟建築物不用一釘一鉚，全部用榫槽連接。

鼓樓層數為奇數，侗家人認為奇數是陽、乾，為男性，認為奇數無限增多增長是向上興旺發達的意思。鼓樓的樓角為偶數，有四稜四角、六稜六角、八稜八角。他們認為偶數是陰、坤，為女性，包羅萬象，生生不息，萬世昌盛。

鼓樓中的「柱子」崇拜

　　侗族鼓樓隱藏着「巨樹」崇拜的文化。在侗族的民間傳說中，鼓樓是按照杉樹的樣子來建造的。杉樹有一特點，老杉樹倒了之後，在其根部又會源源不斷地發出新的樹苗，並且越長越多以至成片成林。侗族將視為宗族標誌的鼓樓建成杉樹的樣子，包含着子孫滿堂、人丁興旺的祈盼。

　　侗族人立寨，必定先立鼓樓。如果一時因財力、物力或人力做不到，也須先立一根杉木柱子作為鼓樓的替身。

　　世界上還有許多古老民族有柱子崇拜的習俗，人們把「柱」看作是通天通神的道路。北美印第安人的圖騰柱、中國古代的華表等都是柱子崇拜的一種形式。

侗族人在鼓樓裏取兩次名

鼓樓既是侗族人民議事的會堂，也是村民日常社交娛樂和節日聚會的場所。

侗族傳統中，個人命名與鼓樓也有密切的關係。嬰兒滿月去外婆家之前，主家到鼓樓設宴，邀請家族老人為孩子取名，稱為「取奶名」；等長到 11 或 13 歲時還要到鼓樓來進行第二次取名，叫「鼓樓名」。每次命名都必須在鼓樓進行，方被認為有效。

> 侗族民歌

鼓樓是村寨的暖和窩，
沒有鼓樓無處尋歡樂。
高高的杉木豎起鼓樓來，
有了聚集的地方有了歡樂的歌。

▲ 侗族人在鼓樓取兩次名

不可思議的橋樑

在不方便建公路的水面上，橋成為人們來往和交流的紐帶。

於是，橋也成為許多地方民族建築中的一道獨特的風景。

各族人民根據自己生活的環境特點，興建了形態各異的橋樑，如風雨橋、溜索、索橋、藤橋……

▲ 用藤條編織的藤橋

▲ 獨龍族的溜索

侗族「三寶」之一

風雨橋與侗族大歌、侗族鼓樓是侗族的「三寶」。既然是寶，那一定有它的特別之處。

風雨橋的特別之處就是整座建築不用一釘一鉚，全靠木料鑿榫銜接，橫穿豎插。橋樑由巨大的石墩、木結構的橋身、長廊和亭閣組合而成。棚頂都蓋有堅硬嚴實的瓦片，凡外露的木質表面都塗有防腐桐油，所以這一座座龐大的建築物，橫跨溪河，傲立蒼穹，久經風雨仍然堅不可摧。

▲風雨橋

風雨橋的世界之最

世界最長的風雨橋——三江風雨橋，它位於廣西柳州，全長368米，寬16米，最高處為18米，有7個橋亭，其長度和規模均為世界之最，堪稱「世界第一風雨橋」。

試試搜尋這些橋樑的圖片，看一看它們的不可思議體現在哪裏？

- 半坡大橋（韓國）：會噴泉的大橋
- 哈德森波紋橋（新加坡）：最動感的人行天橋
- 翻滾橋（英國）：會打卷的橋
- 奧利維爾大橋（巴西）：世界首座「X」形雙道索橋
- 風雨橋（中國）：侗族特有的建築
- 千年橋（英國）：世界最有名的塔橋
- 馬格德堡橋（德國）：可以行船的水橋
- 舊橋（意大利）：大雜燴的集市

第五類

傳統與現代的完美結合

現在你已經去過所有的藏寶地點了，你找到了甚麼寶藏？金銀？珠寶？相信你自己也知道，真正的寶藏不是這些，而是在你腦海裏留下的各種民族建築的獨特風格。你是不是也想嘗試當建築師了？先看看別人是如何將傳統和現代結合的，然後畫出你自己的設計圖吧！

中國各民族的建築都有自己的獨特風格與價值。今天，越來越多的現代建築都開始借鑒、吸收各民族建築的文化精髓。

作為六朝古都的南京，其高鐵站南京南站設計秉承「古城新站」的理念，大量吸納了明代建築元素：藻井、斗拱、窗花和木紋肌理。

中西合璧，兼收並蓄，讓南京南站成為高鐵線上一道獨特而又美麗的風景。

▼南京南站候車大廳的天花板上，設計了三個巨大的藻井，這是中國人在建築史上的重要發明

藻井

藻井是我國古代殿堂室內頂棚的一種獨特設計。古人穴居時，常在穴洞頂部開洞以納光、通風、上下出入。出現房屋後，仍保留這一形式。其外形像個凹進的井，「井」加上藻紋飾樣，所以稱為「藻井」。

你能在圖中找到藻井嗎？

除了南京南站外，我國還有很多現代建築也吸收了民族建築的元素，如蘇州的中式園墅，還有雲南的機場航站樓餐廳⋯⋯

把民族建築的文化傳承下去，一定能夠讓未來的世界更亮麗！

▲傳統的圓柱和斗拱兼備建築力學和建築美學的完美設計

找一找，看看你的身邊有沒有運用民族元素的現代建築？

▼蘇州的中式園墅「水墨江南」，吸收了安徽民居馬頭牆的特色

▲南京南站三樓候車大廳全玻璃幕牆的設計，將中國宮殿建築的優勢發揮到了極致

南 京 南 站

來畫畫你
的設計圖吧！

我的家在中國・民族之旅 ⑤

歎為觀止的
空間魔方 ｜ 民族建築

檀傳寶◎主編　班建武◎編著

責任編輯： 鍾昕恩

裝幀設計： 龐雅美

排　版： 張詠心　鄧佩儀

印　務： 劉漢舉

出版 / 中華教育

香港北角英皇道 499 號北角工業大廈 1 樓 B

電話：（852）2137 2338

傳真：（852）2713 8202

電子郵件：info@chunghwabook.com.hk

網址：https://www.chunghwabook.com.hk/

發行 / 香港聯合書刊物流有限公司

香港新界荃灣德士古道 220-248 號

荃灣工業中心 16 樓

電話：（852）2150 2100

傳真：（852）2407 3062

電子郵件：info@suplogistics.com.hk

印刷 / 美雅印刷製本有限公司

香港觀塘榮業街 6 號

海濱工業大廈 4 樓 A 室

版次 / 2021 年 3 月第 1 版第 1 次印刷

©2021 中華教育

規格 / 16 開（265 mm x 210 mm）